Katzenerziehung: Wie Sie Ihre Katze verstehen und erziehen – erfolgreich & unterhaltsam Katzensprache lernen (inkl. der 10 größten Fehler beim Katzentraining + Clickertraining Anleitung)

Tanja Lobwald

Für alle, die zum Katzenflüsterer oder zur Katzenflüsterin werden wollen!

Inhaltsverzeichnis

Einleitung

Liebe Leserin und lieber Leser,
Schön, dass Sie sich für dieses Buch entschieden haben! Im Idealfall haben Sie bereits eine oder mehrere Katzen, mit denen Sie die Tipps rund um die Katzenerziehung direkt ausprobieren können – anderenfalls gehe ich davon aus, dass Sie im Begriff sind eine oder mehrere Katzen in ihre Familie aufzunehmen und sich über die verschiedenen Möglichkeiten zur Katzenerziehung informieren möchten. Während ich dieses Buch für Sie schreibe, schaut mich meine Katze aus ihrem Körbchen heraus interessiert an, denn sie hat ihre heutige Portion Clickertraining bereits geschafft. Ich habe also selbst einige Erfahrung auf dem Gebiet Katzenerziehung, konnte jede Menge Erziehungstipps an meiner aufnahmebereiten Katze testen und Ihnen nun die besten Tipps und Tricks zur Erziehung Ihres Lieblings mit

an die Hand geben.
Vielleicht fragen Sie sich, warum wir unsere Katzen überhaupt erziehen sollten. Das ist eine gute Frage! In der Regel erziehen wir unsere Katzen „passiv“. Das heißt, dass wir sie durch unser unbewusstes Verhalten im Alltag erziehen, ihnen Grenzen aufzeigen und ihnen ihren Platz in unserer Familie dadurch aufzeigen. Bei besonders wilden, wissbegierigen oder action-verliebten Katzen reicht diese Art der passiven Erziehung aber nicht immer aus und wir müssen aktiv an der Beziehung zu unserer Katze arbeiten, um ein harmonisches Wohnumfeld zu schaffen. Möglicherweise kam die Katze auch schon mit unangenehmen Angewohnheiten zu Ihnen in die Familie und soll nun einige dieser unschönen Angewohnheiten ablegen. Besonders junge Katzen benötigen viel Input, um körperlich und geistig ausgelastet zu sein. Also: Nicht jede Katze benötigt es oder wünscht es sich erzogen zu werden, aber die schlauen, aktiven und frechen Tiger werden meist erst zu wirklich glücklichen Familienmitgliedern, wenn sie entsprechend gefördert und gefordert werden. Die Erziehungsarbeit mit und an Ihrer Katze wird die Beziehung zwischen Ihnen beiden intensivieren und das Zusammenleben noch schöner gestalten.

Neben einer Ernährung ohne Zucker, mit viel Frischfleisch und natürlichen Nährstoffen, sowie einem eigenen Revier außerhalb der vier Wände Ihres Menschen, möchten die meisten Katzen eine entspannte Zeit mit ihren Menschen verbringen. Sie haben die Möglichkeit mit ein wenig Katzenerziehung hier und da ein dafür passendes Umfeld zu schaffen, in dem sowohl Ihre Katze, als auch Sie selbst gerne leben möchten.

In diesem Buch werden Sie häufig „die Katze" lesen – die Tipps gelten natürlich auch für Kater und mehrere Katzen!

Ich wünsche Ihnen viel Spaß beim Abenteuer Katzenerziehung!

Tanja Lobwald

P.S.: Weitere nützliche Informationen, sowie eine Checkliste für Katzenhalter finden Sie auf unserer Webseite https://katzensprache-lernen.de

Kapitel 1: Die Katzensprache – den Tiger verstehen lernen

Bevor wir mit der Katzenerziehung richtig starten können, möchte ich Ihnen noch ein wenig über die Katzensprache berichten. Katzenerziehung fällt Ihnen und Ihrer Katze wesentlich leichter, wenn Sie die Sprache Ihrer Katze verstehen! Ihr Tiger hat in der gemeinsam verbrachten Zeit wahrscheinlich auch ein wenig über Ihre Art der Kommunikation gelernt. Nun sind Sie an der Reihe die Sprache Ihrer Katze besser kennenzulernen. Jede Katze ist zwar ganz eigen, wie Katzen nun mal so sind, aber einige generelle Verhaltensweisen lassen sich dennoch bei fast allen Katzen beobachten. Und genau um diese generellen Verhaltens- und Ausdrucksweisen geht es in diesem Kapitel. Dies ist eine ideale Grundlage, um die Feinheiten der Kommunikation Ihres Stubentigers herauszufinden und besser deuten zu können. Katzen haben in der Regel eine sehr ausdrucksstarke Körpersprache, bei der sie ihre Augen, ihre Ohren, ihren Schwanz und ihre Haltung für uns Menschen besonders gut erkennbar einsetzen. Aber auch über die verbale Kommunikation „Miau? Miau!“, dem Fell und den Bewegungen Ihrer Katze lassen sich viele Hinweise auf den Gemütszustand finden.

Die verbale und nonverbale Kommunikation ist bei Katzen unterschiedlich stark ausgeprägt. Ich hatte das Glück 15 Jahre von einer teilweise gelähmten Katze begleitet zu werden, deren nonverbale Kommunikation durch ihren veränderten Körperbau stark eingeschränkt war und die sich deshalb ein sehr ausdifferenziertes Repertoire an verbalen Lauten angeeignet hatte, um mit mir besser kommunizieren zu können. Auch Siamkatzen beispielsweise sind in den meisten Fällen gute „Erzähler“ und machen sich über verbale Kommunikation verständlich. Wie sieht es bei Ihrer Katze aus? Welche Art der Kommunikation nutzt Ihre Katze mit Ihnen sehr deutlich? Schnurren, leises Miauen, lautes Miauen, sehr hohes Miauen, Knurren und Fauchen – diese Kommunikationsmittel kennen Sie wahrscheinlich bereits!

Der Schwanz Ihrer Katze – ein schon von Weitem sichtbares Signal

Wenn ich nach Hause komme, bleibe ich vor der Haustüre stehen und rufe meine Katze, damit sie von einem abenteuerreichen Tag nach Hause zurückkommt. Dann sehe ich, wie sich ein leicht zu dicker Katzenkörper trippelnd durch hohes Gras bewegt und eines sehe ich ganz deutlich:

Dass meine Katze ihren Schwanz zu einem leichten Fragezeichen krümmt, denn sie freut sich mich (oder ihr Abendessen) zu sehen. Kommt nun zufällig der kleine Nachbarshund zur Begrüßung an mir vorbeigesaust, ist der Schwanz meiner Katze ganz schnell stocksteif und buschig - sie mag den kleinen Kläffer gar nicht. Beim großen Nachbarshund zieht meine Katze ihren Schwanz auch ganz gerne zwischen ihren Beinen zu ihrem Bauch hinunter, vor diesem Monstrum von Hund nimmt sie sich in Acht. An der Haltung des Katzenschwanzes können wir also schon einiges über den Gemütszustand unserer Katze erfahren.

Ein locker aufgerichteter oder leicht zum Fragezeichen gekrümmter nach oben gerichteter Schwanz bedeutet, dass ihre Katze entspannt und glücklich ist. Wedelt Ihre Katze mit dem Schwanz leicht hin und her, bedeutet dies, dass sie etwas beobachtet, interessiert ist und die Situation analysiert. Verwandelt sich dieser eben noch so entspannte Schwanz zu einem stocksteifen, aufgerichteten Schwanz, womöglich noch begleitet von aufgerichtetem Fell, dann ist Vorsicht angesagt. So ein flauschig aufgestellter Schwanz lädt zwar auf den ersten Blick zum Durchfahren ein, aber die Katze signalisiert damit, dass sie Angst hat und versucht ihre Angst gleichzeitig hinter einem groß aufgerichteten Fell zu verstecken. Ihre Katze hat ebenso wie meine Angst vor dem Nachbarshund? Dann werden Sie sie bei einer Begegnung mit dem Nachbarshund mit einem unter den Bauch geklemmten Schwanz beobachten oder sogar geduckt schleichend davontrippeln sehen können! Eine aufgeregte Katze zuckt oder wedelt mit dem Schwanz – dies bedeutet in aller Regel, dass der Jagdmodus der Katze aktiviert worden ist oder aber auch bei sehr schnellem Wedeln, dass der Stubentiger stinksauer ist. Auch ein „Katzenbuckel“ deutet darauf hin, dass Ihre Katze wohl nicht in der besten Laune ist und erstmal ihre Ruhe benötigt.

Die Ohren verraten, was unter den Lauscherchen gedacht wird

Katzen haben ein sehr offensichtliches „Ohrenspiel“ und wir Menschen können an ihrer Ohrstellung mit großer Sicherheit ablesen, was unter den Ohren im Gehirn so vor sich geht. Sind die Ohren nach vorne gerichtet, ist die Katze entspannt und gelassen. Katzen können ihre Ohren sehr genau ausrichten, dementsprechend zeigen die Ohren von Katzen meist in die Richtung, aus der interessante Geräusche zu hören sind. Nach hinten angelegte Ohren sind ein untrügerisches Zeichen für „Achtung, ich habe meine kleine Katzenschnauze wirklich voll jetzt!“ – Also lieber die Finger von der Katze lassen, denn die werden im schlimmsten Fall von der Katze als Angriffsfläche genutzt. Seitlich angelegte Ohren hingegen zeigen, dass die Katze momentan Angst hat.

Die Zeichen einer zufriedenen Katze

Oftmals wird gesagt, dass das Anschmiegen an Tischbeine, Stühle, Bett, Kartons und sogar an die Beine von Frauchen und Herrchen ein Zeichen von Zufriedenheit ist. Das mag durchaus sein, aber da gibt es noch eine weitere Komponente: Dies ist ein Zeichen von Terretorialverhalten. „Das ist meins, das auch und das, hier das auch und du auch!“, so in etwa könnte es sein, wenn die Katze ihr Revier markiert.

Ich hoffe sehr für Sie, dass Ihre Katze Sie so oft es nur geht anblinzelt. Dieser süße Blick bedeutet nämlich ganz sicher, dass Ihre Katze Sie sehr mag und Ihnen vertraut. Dieses Blinzeln wird auch „das Lächeln der Katze“ genannt! Manche Katzen reagieren sogar darauf, wenn ihr Frauen oder Herrchen sie zurück anblinzelt. Probieren Sie es aus!

Ein Zeichen, dass auch mit sehr hoher Sicherheit auf absolute Zufriedenheit schließen lässt, ist der Milchtritt. Den bekommen Sie zu spüren, sobald sich Ihre Katze einen besonders bequemen Platz auf Ihnen oder dicht neben Ihnen eingerichtet hat. Dann fährt sie ihre kleinen, scharfen Krallen aus ihren flauschigen Pfötchen und beginnt Sie mehr oder weniger sanft zu kneten. Dies

ist für uns Menschen eher schmerzhaft, falls wir grade keinen sehr dicken Pullover anhaben.
Für die Katze ist es aber ein Zeichen von absolutem Glück, da dieser Milchtritt eigentlich der Katzenmama gilt, die dadurch zum Stillen angeregt wird.
Hat Ihnen Ihr flauschiger Mitbewohner schon einmal eine fein säuberlich erlegte Maus als Geschenk von ihrem Freigang mitgebracht? Wissenschaftler sind sich immer noch nicht einig, ob diese meist toten Mitbringsel Geschenke für die Liebsten oder Anleitung zum Jagen für die Liebsten sein sollen. So oder so zeugt es von einer guten Beziehung zwischen Ihrer Katze und Ihnen!

Wie kommunizieren Sie mit Ihrer Katze?

Beobachten Sie sich doch einmal die nächsten Tage und betrachten Ihre Kommunikation mit Ihrem geliebten Stubentiger ganz kritisch. Hat der kleine Flauschknäuel nun zum zehnten Mal versucht mit dem Samtpfötchen an den Fisch auf dem Küchentisch zu tapsen und Sie haben lieb „Nein“ gesagt und ihm dabei verständnisvoll übers knuffige Köpfchen gestreichelt? So senden sie zweideutige Signale und Ihre Katze wird sich immer das Signal zur Wahrnehmung aussuchen, was sie sowieso gerne als Reaktion gehabt hätte. Wenn Sie „Nein!“ meinen, dann sagen Sie „Nein!“, „Na!“ oder „Kscht!“. Ihre unmissverständliche Botschaft wird bei Ihrer Katze zwar nicht immer auf Gehör stoßen, jedoch vereinfachen klare Botschaften die Kommunikation zwischen Ihnen und Ihrer Katze erheblich. So wird die Beziehung klarer, Sie stecken Ihre Grenzen deutlich ab (so wie es Ihre Katze vermutlich auch macht) und der Grundstein für die tiefergehende Erziehung ist gelegt.

Jetzt kennen Sie die Basics der verbalen und nonverbalen Katzenkommunikation. Super wichtig, denn Sie möchten Ihre Katze beim Erziehen und beim Spielen auch verstehen können! Nun steigen wir direkt ein in die Katzenerziehung, viel Spaß!

Kapitel 2: Die Katzenerziehung – eine Bindung zwischen Mensch und Tier aufbauen

Katzen sind von Natur aus sehr angenehme Mitbewohner: Sie mögen es gerne sauber, sorgen ausreichend für ihre eigene Körperhygiene, gehen praktischerweise auf die Toilette, schlafen viel, sind leise und mit ein wenig Glück für Kuscheleinheiten zu haben. Warum also eine Katze noch großartig erziehen?

Früher hatten die Katzen in Haus und Hof eine ganz klare Aufgabe – so viele Mäuse und Ratten erledigen, wie nur möglich. Die meisten Katzen wurden von dieser Aufgabe befreit und ihre hauptberufliche Tätigkeit ist das Katzendasein an sich. Das kann ganz schön langweilig werden. Diese Langeweile lassen besonders junge Katzen in Form von Kratzspuren, Pinkelattacken und wagemutigen Indoor-Abenteuern aus, was unserem Mobiliar nicht immer guttut. Und selbst wenn die Katze keine „sichtbare“ Langeweile hat, freut sie sich in der Regel doch über ein wenig körperliches und geistiges Training.

Zudem müssen sich Katzen nun mit äußerst „unnatürlichen“ Facetten unseres menschlichen Alltags auseinandersetzen: Der Mixer, der Staubsauger, der Föhn, laute Kinder, viele Kinder, ein lautes Kind, kleine und große weitere tierische Mitbewohner, lebendiges Futter in Käfigen, Tabuzonen, Butter auf dem Tisch, Reisen, Besuch von Menschen und anderen Katzen, Zierpflanzen, schöne Möbel und vieles mehr. Das kann so manche Katze schon einmal überfordern und wir helfen ihr mit der Hilfe des Clickertrainings im menschlichen Dschungel zurechtzukommen. Diese Form von „aktiver Erziehung“ stärkt die Beziehung zwischen Mensch und Tiger, hält den Tiger (und den Mensch) geistig fit und sorgt nebenbei auch für ein wenig Bewegung. Ihre Katze ist außer Rand und Band? Sie wünschen sich eine intensivere Bindung zu ihrem Flauschball? Oder muss die ein oder andere schlechte Angewohnheit Ihrer Katze verschwinden? Dann ist Katzenerziehung die Lösung!

Eine junge Katze richtig eingewöhnen

Eine junge Katze richtig einzugewöhnen ist eigentlich gar nicht so schwer. Um Ihre kleine Katze nicht zu überfordern, bietet es sich an im zweitätigen Rhythmus neue „Lektionen“ einzuführen. Dabei sollte die erste Lektion sein, wie die Kleine das Katzenklo zu benutzen hat, falls sie es noch nicht weiß. In der Regel bekommen kleine Katzen von ihrer fürsorglichen Mama beigebracht, was es mit dem seltsamen Kasten mit Buddeleinlage auf sich hat und übernehmen dieses Verhalten problemlos. Und falls es bei Ihrem Zuwachs doch ein wenig mit dem Gang zur Toilette hapern sollte, dann probieren Sie ein anderes Streu, eine offene oder geschlossene Katzentoilette, einen ruhigeren Ort für die Katzentoilette und das Aufstellen einer weiteren Katzentoilette aus. Pro Katze sollte es mindestens eine Katzentoilette geben, je nach Vorlieben der Katze auch zwei, denn nicht alle Katzen möchten ihr großes und kleines Geschäft in ein und derselben Katzentoilette verrichten oder ihre Toilette mit Artgenossen teilen. Bei kleinen Katzen hilft es manchmal schon die großen Geschäfte, die neben die Toilette gehen, in die Katzentoilette zu legen, damit die Katze diesen Ort mit dem entsprechenden Geruch verbindet. Bei langfristigen Problemen mit der Stubenreinheit kann ein Tierarzt mögliche gesundheitliche Beeinträchtigungen als Ursache herausfinden.

Besonders junge Katzen sind allzeit bereit für Spaß und Action, benötigen aber genauso viel Ruhe zum Verarbeiten der vielen neuen Eindrücke. Gönnen Sie ihr diese Ruhe, um von der guten Laune eines ausgeglichenen kleinen Mitbewohners zu profitieren. An Tag drei und vier könnte die Katze die anderen im Haus lebenden Tiere kennenlernen, falls dies nicht sowieso durch die große Neugierde geschehen ist. Die sich noch fremden Tiere sollten nicht allein gelassen werden, sondern beim Kennenlernen von Ihnen begleitet werden. Junge Katzen und Katzen bis zum mittleren Alter lieben es zu raufen, zu balgen, aufzulauern und ihre Katzenfreunde wo es nur geht zu erschrecken. Lassen Sie ihren pelzigen Mitbewohnern Raum zum Spielen, auch wenn diese Spiele für uns Menschen manchmal etwas brutal aussehen. Solange kein Tier ernsthaft verletzt wird, handelt es sich hierbei um völlig normale Spielereien, durch die die jungen Kätzchen Sozialverhalten kennenlernen und eine Hierarchie festlegen. Und falls es doch mal zu ernst wird, nicht unbedingt selbst zwischen die kämpfenden Tiere gehen. Das könnte zu ernsthaften Verletzungen führen, falls die ein oder andere ausgefahrene Kralle in Ihre Richtung ausrutscht.

Ein lautes Geräusch, ein in der Nähe landendes Kissen oder ähnliche Hilfsmittel sind da meistens die bessere Lösung.

An den Tagen fünf und sechs kann die kleine Katze nun ihr Spielzeug-Arsenal kennenlernen. Sie kennt sich mittlerweile schon gut in ihrer neuen Umgebung aus, hat den dort vorherrschenden Rhythmus und die dort lebenden Mitbewohner kennengelernt und ist somit bereit für neue Eindrücke. Besonders junge Katzen haben einen sehr ausgeprägten Spieltrieb, was Sie perfekt dazu nutzen können, die Beziehung zum Neuankömmling durch Spielen zu intensivieren. Nach einigen Wochen ist Ihre Katze sicherlich bereit, um den Gebrauch der Katzenklappe zu lernen. Hierbei benötigen wir keine magischen Künste oder ausgefeilte pädagogische Techniken, sondern einfach nur eine neugierige Katze und ein vor den Augen der Katze auf der anderen Seite der Katzenklappe drapiertes Leckerli. Und wie geht es weiter? Das hängt davon ab, was Sie Ihrer Katze noch alles beibringen möchten... Es erwarten Sie hier einige Anregungen!

Eine scheue Katze in die Familie integrieren

Katzenbabys sind in der Regel alles andere als scheu und wollen die Welt am liebsten im Sturm erobern. Nehmen Sie hingegen eine ausgewachsene Katze bei sich auf, könnte diese durchaus mit Eingewöhnungsproblemen zu kämpfen haben. Aber scheuen Katzen kann geholfen werden und das sollte es auch, denn die Scheue abzulegen, bedeutet auch Stress zu vermindern. Am liebsten würden Sie natürlich Ihren flauschigen Schützling sofort in die Arme schließen, aber scheue Katzen können Sie nur mit viel Geduld, Liebe und wachsendem Vertrauen aus der Reserve locken. Vielleicht hat die Katze bereits schlechte Erfahrung mit Menschen gemacht, also geben Sie ihr so viel Raum und Zeit, wie nur möglich, damit die Katze wieder Vertrauen zu Ihrer Umgebung aufbauen kann.

Für scheue Katzen ist es besonders wichtig sich gut verstecken zu können, um so aus sicherer Entfernung das geschäftige Treiben in der häuslichen Umgebung beobachten zu können. An diesen Ruhezonen sollte die Katze auch unter keinen Umständen gestört werden. Kommt die Katze neugierig aus ihrem Versteck gekrochen, kann sie mit einem Leckerli belohnt werden. Lassen Sie die Katze ihr neues Revier in aller Ruhe erkunden, lassen Sie sich von oben bis unten beschnuppern und vermeiden Sie zunächst hektische Bewegungen in der Nähe des scheuen Tieres. Sobald die Katze mit ihrer Umgebung ein wenig warm geworden ist, können erste vorsichtige Streicheleinheiten oder Spiele ausprobiert werden. Achten Sie dabei genau auf die Körpersprache Ihres Lieblings, damit Sie wissen, wann es Zeit für den Rückzug ist! Die Begegnungen zwischen Ihnen und Ihrer scheuen Katze sollten bestenfalls positiv enden und nicht etwa mit einem ängstlichen Rückzug durch die Katze – denn der Abschluss einer Begegnung bleibt der Katze besonders gut im Gedächtnis.

Bachblütentropfen für scheue Katzen

Vor allem Fans der alternativen und natürlichen Medizin greifen bei ängstlichen, scheuen oder angespannten Katzen auf Bachblüten zurück. Vor allem die Notfall Bachblüten-Tropfen werden von Katzenbesitzern und Tierärzten gerne bei scheuen Katzen zur Unterstützung der Eingewöhnung gegeben. Natürlich kommen die Bachblüten auch bei vielen anderen Katzen-Problemen zum Einsatz, beispielsweise beim Möbelkratzen, Unruhezuständen oder Unreinheit.

Vor der Gabe von Bachblütentropfen muss immer ein Tierarzt konsultiert werden. Außerdem sollten Bachblütentropfen für Katzen stets alkoholfrei sein!

Langeweile bei Katzen erkennen

Katzen äußern ihre Langeweile auf ganz individuelle Art und Weise. Je besser Sie Ihre Katze kennen, desto eher können Sie ihre Langeweile erkennen. Möbelkratzen, wildes in der Wohnung „Herumgerenne", miauen am Fenster, ständiges hinter Ihnen Herrennen, klagendes Miauen, Erledigung kleiner und großer Geschäfte außerhalb der Toilette, waghalsige Kletterversuche auf Möbel und das Zerkauen von Gegenständen können darauf hinweisen, dass Ihre Katze Langeweile hat. Falls Freilauf keine Option für Sie und Ihre Katze ist, können Sie Ihrer Katze mit Clickertraining einige Tricks beibringen. Das fordert Ihren flauschigen Mitbewohner geistig und sorgt für Abwechslung im offensichtlich langweiligen Alltag.

Sie können auch mit der Hilfe Ihres Stubentigers ein „Fummelbrett" aufbauen. Dazu nehmen Sie sich ein Brett mindestens in Katzengröße und nageln und kleben allerhand Sachen darauf. Nach oben hin geöffnete Plastikgläser, Klopapierrollen, Kästchen mit Klappen, kleine Täschchen, Rohre, Seile, Stangen, Eierschachteln, Sandspielzeug und ähnliche Dinge ergeben ein wunderbar interessantes Fummelbrett für die Katze, in dem Sie bei Katzenlangeweile ein paar Leckerlis verstecken können. Wahrscheinlich ist schon das

Zusammenbauen eine aufregende Situation für Ihre Katze. Sie können das Fummelbrett auch gemeinsam mit Ihrer Katze benutzen oder mit Katzenminze bestücken und somit für eine interessante gemeinsame Zeit sorgen. In den folgenden Kapiteln finden Sie noch einige weitere Anregungen für einen aufregenden und fordernden Katzenalltag.

Auch ein großer Karton kann eine prima Ablenkung sein. Den Karton mit trockenem Herbstlaub, frisch gemähtem Rasen, Zeitungsschnipseln, Papierstreifen aus dem Reißwolf, Tischtennisbällen oder ähnlichem füllen und einfach in die Nähe der Katze stellen. Schon sehr bald wird die Katze sich vor Neugier nicht mehr retten können, den Karton zunächst beschnuppern und dann mit einem gewagten Sprung ins Abenteuer starten. Hier müssen Sie jetzt nicht mehr viel machen, außer dem geschäftigen Treiben zuzusehen und das Vergnügen danach wieder aufräumen.

Einige Spiele für den Sommer können Sie Ihrer Katze mit Wasserbombenballons, einem Eiswürfelbehälter, leeren Teelichtschalen, einigen Leckerlis und einer großen Schüssel Wasser herrichten. Dazu befüllen Sie Wasserbombenballons mit Wasser, lassen Sie einige Stunden im Gefrierfach einfrieren und schneiden anschließend die Ballonhülle ab. Die so entstandenen

Eisbälle lassen sich prima durch eine Schüssel schubsen und abschlürfen!
Eine ganz ähnliche Variante des Sommerspiels lässt sich mit Eiswürfel-Leckerlis kreieren. Dazu geben Sie einige Leckerlis in die Fächer des Eiswürfelbehälters, füllen diese mit Wasser auf und geben das Ganze für einige Stunden ins Gefrierfach. Auf den so entstandenen kleinen gefrorenen Leckerliportionen lässt es sich prima rumkauen und knabbern.

Ein weiteres Spiel für den Sommer ist eine große Schüssel mit Wasser zu füllen, leere Teelichtschalen auf das Wasser zu stellen und diese mit Leckerlis zu befüllen. Ihre Katze wird das sehr schnell erschnuppern und einige Zeit damit beschäftigt sein die Köstlichkeiten sicher ans trockene Ufer zu bringen.

Das Clickertraining – Zurzeit in aller Ohren

Vom Clickertraining haben Sie bestimmt schon einmal gehört und wenn nicht, auch egal, denn dann erfahren Sie es eben jetzt:

Das Clickertraining funktioniert so, dass die Katze für erwünschtes Verhalten ein Klickgeräusch bekommt. Hä? Ja, doch! Die Katze lernt nämlich zuvor das Klickgeräusch mit einem positiven Effekt zu verbinden. Ahhh! Oftmals werden dazu spezielle Clicker eingesetzt, aber auch Schnalzen oder ein beliebiges anderes Geräusch tun ihre Wirkung. Wichtig ist, dass es wirklich immer das gleiche Geräusch ist, denn wir möchten nach einem super Workout am liebsten immer „Toll gemacht!" von unserem Trainer hören und nicht etwa Delfingeräusche oder eine Staubsaugerempfehlung.

Im Grunde genommen ist es sehr simpel: Deine Katze setzt sich brav neben den Napf, während Sie Ihn mit den geforderten Köstlichkeiten befüllen und schon gibt's einen „Klick" und ein Leckerli hinterher. Dies ist die einfachste Art der operanten Konditionierung und wird Ihre Katze dazu motivieren dieses soeben belohnte Verhalten möglichst oft zu zeigen. Ich bin mir fast sicher, dass Ihre Katze genau weiß, was Sie von ihr möchten – dementsprechend trainiert Ihre Katze Sie beim

Clickertraining ihr für völlig simples Verhalten ein Leckerli darzubieten.
Nein, Sie müssen jetzt nicht Ihren Lebtag damit verbringen bei jedem braven Hinsetzen zu Klicken und ein Leckerli hinterherzuschieben, denn ganz bald haben sich diese gewünschten Verhaltensformen automatisiert und gehören somit zum Standardprogramm des Katzenverhaltens.

Besonders für ängstliche, wilde oder unausgelastete Katzen kann das Clickertraining viele Vorteile bieten, denn Sie können es stetig zusammen mit Ihrer Katze weiterentwickeln und auf das nächste Level heben.

In welchen Situationen kann das Clickertraining eingesetzt werden? Eher so, in welchen Situationen kann das Clickertraining nicht eingesetzt werden? Ob für das Leinentraining, Sitz-kommando, Treffsicherheit im Katzenklo, auf den Namen hören, bei der Futterzubereitung, nicht am Bein hochspringen, die andere Katze nicht von der Fensterbank schubsen, die Angst vor dem Staubsauger besiegen, Möbelkratzen aufgeben, den Transportkäfig ins Herz schließen oder Pflanzen nicht mehr anknabbern. Das Clickertraining ist wirklich so vielfältig einsetzbar – vorausgesetzt die Katze hört! Bei Jungtieren bietet es sich an das Clickertraining bei eventueller Stubenunreinheit und zum Erlernen wichtiger Regeln (nicht am Fenster klettern, etc.) einzusetzen.

Besonders bei ängstlichen Katzen ist das Clickertraining eine große Hilfe, denn es schafft Vertrauen zwischen Mensch und Tier, sodass die Katze ihre Ängste besiegen kann. Ich konnte meiner Katze durch das Clickertraining beibringen, nicht mehr panisch vor dem Staubsauger davonzurennen. Bei der Flucht hat sie so manchen Kratzer auf Menschen und Möbeln hinterlassen und es war für alle Beteiligten eine regelmäßig unangenehme Erfahrung. Durch das Clickertraining hat sie gelernt sich nah an den ausgeschalteten und später sogar eingeschalteten Staubsauger heranzuwagen, ohne dass sie in Panik ausbricht. Mittlerweile bleibt sie auch bei eingeschaltetem Staubsauger einfach gemütlich liegen und hat einen Feind im Haushalt weniger. Entspannung für Katze und Mensch!

Und so funktioniert das Clickertraining!

Das Clickertraining ist alles andere als kompliziert. Zunächst überlegen Sie sich ein eindeutiges Signal, wie Clicken, Schnalzen oder ähnliches. Bestenfalls ist das akustische Signal auffällig, kommt sonst nicht im Alltag der Katze vor und jagt der Katze keinen Schrecken ein. Es ist für den Erfolg des Clickertrainings grundlegend wichtig, dass Sie bei einem akustischen Signal bleiben, damit die Kommunikation für die Katze glasklar ist und bleibt! Die zweite Komponente des Clickertrainings ist eine Art der Belohnung. Dies kann ein Leckerli, ein Spielzeug oder ähnliches sein, also eine besondere Sache für Ihre Katze. Ich empfehle das Clickertraining mit einem Leckerli, da dies für die allermeisten Katzen der beste Anreiz zum Training ist.

Schritt eins des Clickertrainings – der Spaß beginnt

So nun stehen das akustische Signal und die Leckerlis für das Clickertraining bereit und es geht an die Konditionierung. Nun setzen Sie sich zu Ihrer Katze und warten darauf, dass sie Ihnen ihre Aufmerksamkeit schenkt. Hoffentlich lässt sie Sie nicht allzu lang zappeln... Sobald Ihre Katze Sie ansieht, präsentieren Sie das akustische Signal direkt gefolgt von einem Leckerli. Das Leckerli darf aber erst auf dem Radar der Katze erscheinen, wenn es Zeit für die Belohnung ist, denn schließlich soll der Fokus der Katze auf Ihnen und nicht auf den Leckerlis liegen. Nach einiger Zeit wird der Tiger Sie wieder neugierig ansehen und natürlich bieten Sie ihm zunächst das akustische Signal, gefolgt von einem Leckerli. Möglicherweise lässt sich Ihre Katze nicht sofort von Ihrer Begeisterung für das Clickertraining mitreißen und bleibt nicht unbedingt direkt still vor Ihnen sitzen. Das legt sich mit der Zeit, denn auch der wildeste Tiger begreift ganz schnell, dass es hier jede Menge schnell verdiente Leckerlis abzustauben gibt.

So weit so gut, aber nach wahrscheinlich kurzer Zeit wird Ihre Katze nur noch eins im Kopf haben: Das Leckerli. Vielleicht wird sie auf Sie klettern und unruhig werden – die Konzentrationsspanne ist vorbei. Also ist es Zeit für eine Pause. Je nach Motivation und Intelligenz der Katze kann es einige Anläufe brauchen, bis sie verstanden hat, dass das akustische Signal und die köstliche Belohnung zusammengehören.

Es schadet also nicht diesen ersten Schritt einige Tage lang zu wiederholen, bis wirklich alles fest im Gehirn der Katze verankert ist, denn nur dann ist sie für den nächsten Schritt bereit!

Ganz wichtig ist, dass wenn die Katze einfach keine Lust mehr auf das Clickertraining hat (oder satt ist...), dann seien sie zufrieden mit der Leistung und beenden das Training. Die Katze soll schließlich nicht zum Training gezwungen werden, dann würde ihr Interesse am Clickertraining schneller verschwinden als ein Leckerli in ihrem Mäulchen. Clickertraining muss für Katze und Mensch Spaß machen und darf nicht zur Belastung werden!

Schauen wir uns auf der nächsten Seite an, was es beim Clickertraining zu beachten gibt!

Das Wichtigste im Überblick

Wichtig ist, dass Sie als Trainer keine Fehler machen, damit der Lernprozess bei der Katze optimal verläuft und keine allgemeine Verwirrung entsteht. Dazu hier die wichtigsten Punkte des Clickertrainings in kurzer Form, bevor wir zu Schritt zwei des Clickertrainings übergehen:

- Absolut essenziell ist, dass möglichst wenig Ablenkung für die Katze beim Clickertraining besteht. Je weniger Trubel um sie herum ist, desto besser kann sie sich auf Sie und das Clickertraining konzentrieren.
- Das Leckerli darf erst in Sichtweite der Katze gelangen, wenn es auch verspeist werden darf. Der Fokus soll auf Ihnen als Trainer liegen und nicht auf dem Futter – Timing ist beim Clickertraining alles! Das Leckerli wird von Ihnen als Trainer verteilt und nicht von der Katze autonom in Beschlag genommen!
- Das akustische Signal muss immer von einem primären Verstärker (Leckerli oder ähnliches) gefolgt werden, da sonst die Konditionierung nicht funktioniert.
- Lassen Sie es ruhig angehen! Sobald der Stubentiger keine Motivation mehr hat und die Konzentrationsleistung überschritten ist, ist das Training beendet. Grade zu Beginn des Trainings

kann dies schon nach 5-15 Clicks der Fall sein. Ideal ist es schon kurz vor dem einsetzenden Desinteresse das Clickertraining abzubrechen. Dazu müssen Sie Ihre Katze natürlich gut kennen und vielleicht schon ein oder zwei Clickertrainingseinheiten absolviert haben.

Schritt zwei des Clickertrainings – Unerwünschte Verhaltensweisen der Katze durch erwünschte Verhaltensweisen ersetzen

Der zweite Schritt im Clickertraining ist nun der Schritt, in dem wir unsere Katze „erziehen“, denn die Vorbereitungen für das echte Training sind mit Schritt eins abgeschlossen. Das akustische Signal steht nun als akustische Ankündigung für die Belohnung mit einem Leckerli. Das eröffnet Ihnen ganz neue Chancen, denn durch ein akustisches Signal wird die Belohnung stark vereinfacht.

Falls Ihre Katze ein unerwünschtes Verhalten zeigt – beispielsweise das Krallen schärfen am antiken Kleiderschrank – dann nützt es in der Regel wenig die Katze durch Schimpfen von ihrem Vorhaben langfristig abzuhalten. Der Tiger hat Bedürfnisse und die wird er ausleben, ganz egal wie blöd der Schrank danach aussieht. Aber wir haben die Möglichkeit der Katze beizubringen, dass sie für das Kratzen am Kratzbaum bei uns Punkte sammelt und sie selbst dadurch Leckerlis bekommt. Sehen Sie sich die störenden Verhaltenspunkte Ihrer Katze also ganz genau an und schaffen Sie eine für die Katze gute alternative Bedürfnisbefriedigung, die Sie ihr dann durch das Clickertraining näherbringen.

Wir bleiben beim zerkratzten Schrank. Im Idealfall ist der Kratzbaum eine Neuanschaffung und dementsprechend noch interessant für die Katze. Alternativ tut es auch ein kleines Kratzfeld für Katzen, das Ihre Katze noch nicht kennt. Sie setzen sich zu Ihrer Katze auf den Boden, stellen die Kratzmöglichkeit in die Nähe und belohnen Ihre Katze mit einem akustischen Signal und einem köstlichen Signal, sobald sie die Kratzmöglichkeit nur ansieht! Ganz wichtig ist, schon den ersten Blick in die richtige Richtung wahrzunehmen und blitzschnell zu belohnen. Für jeden Blick zur Kratzgelegenheit und jeden Schritt in Richtung Kratzgelegenheit wird die Katze von Ihnen nun mit einem akustischen und kulinarischen Signal belohnt. Schritt für Schritt steigern Sie nun die Anforderung.

Wenn die ersten fünf Clicks der Blick in die richtige Richtung war, ist der sechste Click das intensive Schnuppern in Richtung Kratzmöglichkeit. Vielleicht ist Ihre Katze auch so neugierig und forsch und macht direkt einen Schritt in Richtung Kratzmöglichkeit. Danach werden mehrere Schritte in Richtung Kratzmöglichkeit belohnt, ein Samtpfötchen auf der Kratzmöglichkeit wird anschließend belohnt und im letzten Schritt wird das Kratzen auf der Kratzmöglichkeit belohnt. Voraussetzung dafür ist natürlich, dass die Katze die Kratzmöglichkeit auch als solche erkennt...

Nach einigen Trainingseinheiten – die Anzahl der Trainingseinheiten für das erfolgreiche Kratzen an der richtigen Stelle ist von Katze zu Katze ganz unterschiedlich – wird die Katze an der Kratzmöglichkeit ihre Krallen schärfen und von Ihnen dafür ein akustisches Signal und ein Leckerli ernten. Möglicherweise ist hier die Konzentration und das Interesse nach einigen Minuten erschöpft, dafür können Sie mit Ihrer Katze getrost mehrmals täglich üben – je nach Motivation der beiden Teilnehmer. Sie werden aber schon bald merken, wie Ihre Katze dieses Kratzverhalten in ihr Repertoire aufnimmt und der antike Schrank mehr und mehr verschont bleibt. Irgendwann können Sie die Kratzmöglichkeit auch außerhalb der Trainingseinheiten in Reichweite für die Katze stehen lassen, bequem vom Sofa aus akustische Signale senden und ein Leckerli in Richtung Katze werfen. Wichtig ist, dass das „Kratz-Training“ von Zeit zu Zeit wiederholt wird, damit die Katze auch bei ihrem gewünschten Verhalten bleibt! Und wenn Sie sich jetzt fragen, ob Sie die Katze zum Zeigen erwünschter Verhaltensweisen erziehen oder die Katze Sie zum Leckerliauswurf nach bestimmten Verhaltensweisen, dann haben Sie sowohl das Clickertraining, als auch Ihre Katze durchschaut.

Falls Sie merken, dass Ihre Katze nervös oder frustriert wird – sie putzt sich, läuft weg oder ähnliches – dann verringern Sie die Anforderungen. Es ist essenziell wichtig, dass das Training mit einer positiven Erfahrung für die Katze endet! Ideal wäre es natürlich, wenn Sie das Training beenden, bevor Ihre Katze frustriert aufgibt oder sich überfordert fühlt.

Kommunikation durch Handzeichen

Dies ist mein persönlicher Favorit, denn meine Katze schaltet ihre Ohren gerne auf Durchzug, reagiert dafür aber umso besser auf Handzeichen. Ich gehe oft mit meiner Katze auf Reisen, nicht weil sie schon immer die Sphinx in Ägypten bewundern wollte, sondern weil gute Katzensitter zeitweise Mangelware sein können. Dementsprechend muss meine Katze besonders gut in ihrem Katzenkorb zurechtkommen und auch ohne Katzenkorb möglichst nah bei mir bleiben. Auf einer Reise ergab es sich, dass wir an einem vor Vogelgezwitscher nur so dröhnendem Ort residierten und ich sie trotzdem schnell auf Kommando zur mir holen wollte. Alles Rufen war vergeblich, da sie diese verbalen Zeichen bei all dem interessanten Gezwitscher als "ignorierbar“ einstufte. Also trainierten wir zunächst im geschlossenen Raum, wo ich das Kommando „Komm!“ mit einer lockenden Handbewegung verband. Nach ein wenig Training konnte ich das Kommando „Komm!“ sowohl verbal als auch nonverbal anwenden. Diese nonverbale Signal-Kommunikation haben wir später auch auf die Kommandos „Sitz!“ (erhobener Zeigefinger) und „Bleib!“ (Stopp Bewegung) ausgeweitet. Dazu muss Ihre Katze aber schon einige Grundkommandos kennen und optische Signale gut wahrnehmen können, beziehungsweise von alltäglichen

Bewegungen unterscheiden können. Auch wenn meine Katze sonst nicht die hellste Kerze auf der Katzentorte ist, das schafft sie – vielleicht Ihre auch?
Nehmen wir nun mal an, Sie möchten, dass Ihre Katze sich idealerweise zunächst auf ihre flauschigen vier Buchstaben setzt, bevor Sie Ihnen das Futter schon versucht aus der Katzenfutter Dose zu klauen noch ehe es eine Futterschüssel berührt hat. Dazu bietet es sich natürlich an, ein einfaches Handkommando einzusetzen. Zur Futterzeit sind die meisten Katzen bereit so ziemlich alles für einen Leckerbissen zu tun, also nehmen Sie sich die Zeit und üben nun vor jeder Raubtierfütterung das nonverbale Sitzkommando.

Gehen wir davon aus, Ihre Katze kennt das Kommando „Sitz!“ nur aus Ihren Träumen... Sie begeben sich nun in die Fütterungs-Situation, nehmen ein Leckerli zwischen Daumen und Mittelfinger, erheben den Zeigefinger und warten bis ihre Katze sich hinsetzt. Noch während des Hinsetzens sagen Sie „Sitz!“ und geben ihr sobald der Katzenpo den Boden berührt das Leckerli. Sobald die Kombination von verbalen und nonverbalem Sitz-Zeichen zum Alltag gehören – das ist von Katze zu Katze unterschiedlich – geht es eine Stufe weiter und Sie fordern, bevor die Katze sich aus eigenen Stücken hinsetzt, das Hinsetzen per kombiniertem Kommando ein.

Ihre Katze wird sich schon bald daran gewöhnt haben und nun den „Sitz“-Ablauf vor der Fütterung verinnerlichen, denn sie kennt das verbale Kommando und hat das nonverbale Kommando schon oft gesehen. Nun lassen Sie das verbale Kommando weg und nutzen lediglich das nonverbale Kommando für Sitz, den erhobenen Zeigefinger. Und siehe da – die Katze sitzt. Und kriegt dafür hoffentlich ein Leckerli!

Diese Art des Trainings lässt sich natürlich auf viele verschiedene Kommandos ausweiten – da sind Ihrer Fantasie keine Grenzen gesetzt. Überlegen Sie doch einmal, welche Art von nonverbalen Kommandos Ihren Alltag mit Katze erleichtern könnten!

Kommunikation durch verbale Kommandos

Sobald Ihre Katze einige Tricks dank des Clickertrainings auf Lager hat, können Sie Ihrer Katze verbale Kommandos beibringen. Nehmen wir noch einmal das Beispiel der alternativen Kratzmöglichkeit. Sie kramen nun die Kratzmöglichkeit hervor und führen den „Katze-wetzt-Krallen-an-gewünschtem-Objekt-Trick“ zweimal durch. Die Katze wird hier von Ihnen wie gewohnt mit einem akustischen Signal und einer primären Verstärkung belohnt. Nun beginnen Sie bei der nächsten Durchführung des Tricks das verbale Kommando zu sagen. In diesem Fall wäre „Kratzen!“ wahrscheinlich sinnvoll. Sobald die Katze beginnt zu kratzen, sagen Sie „Kratzen!“. Diese Kombination führen Sie einige Male so durch, bevor sie damit beginnen das Kommando „Kratzen!“ immer früher zu sagen, bis Sie es schließlich schon vor Beginn des Kratzens aussprechen. Sie sehen, wir kommen der Sache näher. Nach einigen „Kratzen!“-kratzen-Click-Leckerli-Abfolgen, sollte die Katze nun lernen, dass es nur noch eine Belohnung für das Kratzen gibt, wenn auch das verbale Kommando „Kratzen!“ gesagt wird. Dazu lassen Sie ab und zu das Kommando „Kratzen!“ weg und belohnen das Verhalten Ihrer Katze nicht. So wird sie sich schnell (ok, vielleicht auch langsam) daran gewöhnen, dass das verbale Kommando ausschlaggebend ist.

Jetzt kommt der Clou:
Beim Kratzen-Training kratzt die Katze höchstwahrscheinlich nicht sehr intensiv an der Kratzmöglichkeit, sondern schiebt ihre Pfötchen nur ein wenig hoch und runter. Das ist völlig ok. Wenn sie jetzt aber beim nächsten Mal den antiken Schrank als Gelegenheit zur Krallenschärfung in Betracht zieht, dann packen Sie ganz fix die alternative Kratzmöglichkeit aus und gehen ins Kratz-Training mit dem entsprechenden verbalen Kommando. Da diese Form des Trainings ein wenig komplex ist, sollten Trainer und Katze schon ein eingespieltes Team sein.

Die Katze kann auf ganz ähnliche Weise darauf trainiert werden auf ihren Namen zu hören. Dazu wird einfach immer geclickt und ein Leckerli gegeben, wenn die Katze freiwillig zu Ihnen kommt. Sie wird wahrscheinlich zu Beginn ein wenig verwirrt sein und Sie fragend anschauen „Wieso clickerst du jetzt? Was habe ich richtig gemacht? Na, egal, Hauptsache Leckerli!“. Schon sehr bald wird Ihre Katze sehr viel häufiger zu Ihnen gerannt kommen, in der Hoffnung auf Leckerlis – und die sollte sie auch kriegen! Jetzt geht das Training in die nächste Runde und sobald Sie das Trippeltrappel der kleinen flauschigen Pfötchen hören und die Katze zu

Ihnen gelaufen kommt, rufen Sie „Kaaatze/Name, kooohoomm!“. Der Trick ist wie beim Kratz-Kommando der, dass das verbale Kommando immer früher eingesetzt wird, bis die Katze letztendlich nur noch dann belohnt wird, wenn zuerst das verbale Kommando ertönt und sie daraufhin angerannt kommt.

Falls Sie bisher mit dem Gedanken gespielt haben Ihre Katze zu tadeln und dabei vielleicht sogar ihren Namen verwenden, lassen Sie das ab jetzt. Die Katze soll mit Ihrem Namen etwas Positives verbinden, also ist der Gebrauch des Katzennamens beim Schimpfen tabu. Wer schimpft, stößt bei Katzen sowieso auf taube Öhrchen... Sobald das „Komm!“-Kommando sitzt, können Sie mit Ihrer Katze Gassi gehen oder verstecken spielen. Suchen Sie sich zum Verstecken spielen ein gutes Versteck aus und rufen Sie Ihre Katze anschließend. Ihre Katze wird Ihrer Stimme folgen und Sie suchen! Besonders junge Katzen haben großen Spaß am Verstecken spielen.

Das Targettraining – besonders praktisch für unterwegs

Das Clickertraining lässt sich auch auf das Targettraining ausweiten. Beim Clickertraining müssen wir ja sonst darauf warten, dass die Katze das gewünschte Verhalten zeigt, damit wir brav akustisch und kulinarisch belohnen dürfen.

Beim Targettraining ist das Ziel mithilfe eines Targetstabs der Katze zu zeigen, worauf unser Fokus liegt. Voraussetzung für den Erfolg des Targettrainings ist natürlich das zuvor erlernte Clickertraining!

Für das Targettraining gibt es Targetstäbe mit eingebautem Klicker. Dies gehört nicht unbedingt zum unverzichtbaren Equipment, denn auch mit einem Kochlöffel, einem Pinsel oder ähnlichem und dem zuvor genutzten akustischen Signal funktioniert das Targettraining einwandfrei. Das Ziel ist es, der Katze beizubringen die Spitze des Targetstabs mit der Nase zu berühren und dem Targetstab so letztendlich zu folgen. Dies ist für Kunststücke, Spaziergänge, Arztbesuche und Reisen eine wertvolle Fähigkeit. Ich konnte meiner Katze durch das Targettraining beibringen, welcher Weg vom Garagendach herunterführt – manchmal haben Katzen einen größeren Entdeckungstrieb als Intelligenzquotienten.

Und so funktioniert das Targettraining:
Zunächst wird die Katze mit einem akustischen Signal und einem Leckerli belohnt, sobald sie in die Richtung des Targetstabs guckt. Nach und nach soll sie sich dann dem Targetstab annähern und ihn letztendlich mit der Nasenspitze leicht berühren. Hier wird bei jedem Fortschritt geklickert und mit einem Leckerli belohnt. Möglicherweise benötigt Ihre Katze mehrere Trainingseinheiten, um den Targetstab mit der Nase zu berühren – das ist völlig ok, gehen Sie immer mit dem Lerntempo Ihrer Katze mit. Im nächsten Schritt wird dann eine etwas längere Berührung des Targetstabs belohnt und anschließend wird die Verfolgung des Targetstabs belohnt. Nun haben Sie ein Instrument geschaffen, dem die Katze freiwillig mit ihrem Schnäuzchen folgt.

Jetzt können Sie der Katze beibringen, sich um die eigene Achse zu drehen, Männchen zu machen, einem Parcours zu folgen, durch einen Reifen zu springen oder mit ihnen eine Runde um den Block zu gehen. Auch das Klettern in die Transportbox und aus ihr heraus sollten ab jetzt kein Problem mehr darstellen. Zudem lohnt sich die Einführung eines speziellen Pfotentargets. Die Voraussetzung für das Gelingen hier ist, dass sich das Pfotentarget optisch vom Nasentarget unterscheidet.

Vom Targetstab auf die Hand umsteigen

Klar, der Targetstab ist schon eine sehr praktische Sache, aber was ist praktischer als ein Targetstab? Die eigene Hand.

Um die Katze vom Targetstab auf die eigene Hand umzugewöhnen, bedarf es nur ein wenig Geduld. Bei jeder Target-Trainingssession fassen Sie den Targetstab ein wenig kürzer, bis Sie mit der eigenen Hand ganz vorne an der Spitze angelangt sind. Im Alltag ist natürlich das Zeigen mit dem ausgestreckten Zeigefinger günstig, also warum nicht die Katze an den ausgestreckten Zeigefinger gewöhnen. Sobald Sie und Ihre Katze sich an die Kombination Targetstab-Zeigefinger gewöhnt haben, kann der Targetstab auch weggelassen werden und ihr ausgestreckter Zeigefinger ist somit zum Targetstab geworden. Nun können Sie Ihrer Katze mit Zeigen deutlich machen, wo ihre Aufmerksamkeit und ihr flauschiger Katzenkörper hinwandern sollen.

Katzen Agility – So wird es zu Hause garantiert nicht langweilig

Ganz besonders Stubenhocker freuen sich über kleine Herausforderungen und da kommt der neuste Trend Katzen Agility grade recht. Sofern Ihr Liebling schon ein wenig Clicker- und Target-Erfahrung hat, ist er bereit für das Katzen Agility! Zum Katzen Agility benötigen Sie ein paar Hindernisse für Ihre Katze. Professionelles Equipment lässt sich schon für einige Euro im Internet erstehen, aber auch normale Haushaltsgegenstände eignen sich für das Katzen Agility hervorragend.

Wie wäre es mit:

- Vollen Wasserflaschen zum Slalomlaufen (leere Wasserflaschen könnten umkippen und die Katze erschrecken)
- Ein Hoolahoop-Reifen zum Durchspringen
- Zwei Blumentöpfe und ein Brett als Brücke
- Eine Treppe aus Büchern
- Ein Spieltunnel zum Durchschlüpfen
- Mit Teppich bezogene Holzbretter als Rampen
- Kleine Vorhänge zum Durchstreifen

Hier sind Ihrer Fantasie als Agility Trainer keine Grenzen gesetzt. Wichtig ist, dass die Katze sich nicht verletzen kann und alle Trainingsgeräte sicher aufgebaut sind.

Aus verschiedenen Haushaltssachen können Sie Ihrer Katze nach und nach einen großen Parkour aufbauen. Beginnen Sie mit einer Übung, die einer ans Target-Training gewöhnten Katze leichtfallen dürfte: Slalomlaufen.

Hierfür stellen Sie drei oder vier volle Flaschen in kleinen Abständen auf den Boden und führen Ihre Katze mithilfe des Targetstabs zwischen den Flaschen hindurch. Für gute Leistungen sollten Sie natürlich ordentlich Clickern und die Katze mit Leckerlis belohnen! Die restlichen Parkour Hindernisse kann Ihre Katze auf dieselbe Weise kennenlernen. Sobald Ihre Katze sich an ein Hindernis gewöhnt hat, kann das nächste Hindernis dazu aufgebaut werden. Möglicherweise ist dies ein Prozess von mehreren Wochen, also mit viel Geduld an die Sache rangehen, lohnt sich.

Gerüche einsetzen, denen die Katze nicht widerstehen kann

Katzen haben ein unglaublich gutes Riechorgan. Möglicherweise konnten Sie schon einmal beobachten, dass Ihre Katze bei besonders interessanten Gerüchen ihren Mund leicht öffnet und dabei recht lustig aussieht. Im Mund Ihrer Katze liegt das Jacobson´sche Organ, mit dem die Katze sehr genau riechen kann. Bei interessierten Katzen wird der Duft also auch durch den geöffneten Mund intensiv wahrgenommen. Und diese Sensibilität können Sie auch durchaus zur Katzenerziehung nutzen, indem Sie mit verschiedenen Gerüchen arbeiten.

Ein Knüller bei fast allen Katzen ist Katzenminze, Baldrian und Vanille. Davon ein wenig auf dem neuen Kratzbrett verteilen und schon kann Ihre Katze dem Kratzbrett einfach nicht mehr widerstehen. Der Einsatz dieser Düfte ist besonders effektiv, wenn gleichzeitig aktiv trainiert wird. Beispielsweise soll die Katze ihren Lieblings-Schlafplatz im Kleiderschrank aufgeben und sich eher auf ihr Katzenkörbchen konzentrieren. Eine Mischung aus unangenehmen Zitrusduft im Schrank, Clickertraining und angenehmen Duft im Katzenkörbchen ist besonders vielversprechend.

Aber auch hier kann es sein, dass Ihrer Katze das völlig am... Riechorgan vorbeigeht. Besonders störrische Stubentiger lassen sich von ein wenig Duft selten beeindrucken!

Störende Geräusche und Oberflächen gezielt einsetzen

Eine recht forsche Gastkatze hat mich den Trick mit störenden Geräuschen und Oberflächen einmal austesten lassen. Die phänomenale Lieblingsbeschäftigung dieser Katze war es mit einem Satz auf den Kühlschrank zu springen und die dort stehenden Lebensmittelpackungen anzukauen. Klar, hätte ich die Verpackungen auch einfach woanders lagern können, aber besonders bei langfristigen Mitbewohnern ist es einfacher ein paar Grenzen aufzuzeigen, statt alle möglichen Störfaktoren versuchen zu beseitigen. Ich habe mich in dieser Situation dafür entschieden einige Stifte, Münzen und Murmeln auf dem Kühlschrank zu positionieren, die die Katze natürlich vom Boden aus nicht einsehen konnte. Beim nächsten gewagten Sprung auf den Kühlschrank erschreckte sie sich vor dem dort wartenden Chaos, sprang sofort wieder vom Kühlschrank herunter und das Thema Kühlschrank hatte sich bis auf Weiteres erledigt.

Alufolie, Münzen, Stifte, Lego, Gummifolie, Holzklötzchen, zusammengeknülltes Papier, Perlen und ähnliches kann die Katze durchaus davon abhalten sich an einem bestimmten Ort wohlzufühlen. Dazu arrangieren Sie Ihr „Abwehr-Chaos“ so, dass die Katze dies nicht sieht und eher von diesem „Abwehr-Chaos“ überrascht wird, sobald sie wie gewohnt auf den Küchentisch, den Schuhschrank oder ähnliches springen möchte. Andernfalls könnte Ihre Katze Ihnen beim Basteln helfen wollen und wird sich dementsprechend keinesfalls später vor dem Chaos erschrecken.

Achten Sie darauf, dass die Katze sich an den Gegenständen nicht verletzen kann, sondern sich im Idealfall nur ein wenig erschreckt und somit den Ort ab jetzt meidet. Manche Katzen benötigen mehrere Chaos-Hindernisse, um einen Platz in die Liste der Tabuzonen aufzunehmen. Also bleiben Sie hartnäckig und lassen Sie Ihrer Chaos-Fantasie freien Lauf!

Kleine Tricks gegen die Langeweile

Der eigenen Katze Tricks beizubringen ist zwar nicht direkt eine erzieherische Leistung, ist aber durchaus sinnvoll, denn hierbei wird die Beziehung zwischen Mensch und Katze intensiviert und es gibt weniger Raum für Langeweile! Dies sind die idealen Voraussetzungen für ein harmonisches Zusammenleben mit einer rundum glücklichen Katze! Ganz nebenbei sind die meisten Tricks auch eine super Hilfe bei Untersuchungen der Katze oder Medikamentenvergabe.

„Gib Pfötchen!“

Einer Katze „Gib Pfötchen!“ beizubringen ist auf der Grundlage des Wissens, welches Sie im Verlaufe dieses Buches bereits gesammelt haben, kein Hexenwerk mehr. Zunächst setzen Sie sich zu Ihrer Katze auf den Boden und bieten ihr Ihre ausgestreckte, nach oben geöffnete Hand an. Schaut sie sich Ihre Hand interessiert an, gibt´s einen Click und ein Leckerli. Es wird nicht lange dauern und die Katze kommt interessiert näher und schnuppert an Ihrer Hand – Click und Leckerli! Falls Ihre Katze jetzt nicht schon ihr Konzentrationslimit überschritten hat und wirklich sehr neugierig ist, könnte es durchaus sein, dass die erste zaghafte Bewegung mit der Pfote auf die Hand zu geschieht – Click und Leckerli! Wie Sie wissen, ist Timing beim Clickertraining einfach alles! Sobald Ihre Katze sicher weiß, was bei einer ausgestreckten Hand zu tun ist und ihre Pfote sogar länger auf Ihrer Hand ruhen lässt, können Sie das verbale Kommando mit in das Training integrieren. Wenn Sie jetzt den Pfötchen-Trick üben, sagen Sie während die Katze ihre Pfote auf Ihre Hand legt „Gib Pfötchen!“ – Click und Leckerli. Das verbale Kommando sollte von Mal zu Mal zeitlich eher geschehen, bis Sie letztendlich schon vor dem Heben des Pfötchens „Gib Pfötchen!“ sagen.

Sobald die Verbindung von verbalen Kommando und Handlung hergestellt und ausgiebig geübt worden ist, sagen Sie etwa jedes dritte Mal kein „Gib Pfötchen!“ und belohnen das Pfötchengeben Ihrer Katze auch nicht mit Click oder Leckerli.
Sie wird sehr schnell merken, dass das verbale Kommando ausschlaggebend ist und sich danach richten. Dies ist jetzt natürlich die Darstellung des Trainings im Schnelldurchlauf.

Eine sehr wissbegierige und trainingserfahrene Katze kann diesen Ablauf an einem Tag lernen, andere Katzen benötigen mehrere Tage dafür. Geben Sie Ihrer Katze die nötige Zeit, bleiben Sie geduldig und beenden Sie das Training immer mit einem positiven Erlebnis!

High Five geben

Das High Five Training verläuft ganz ähnlich, wie das „Gib Pfötchen-Training“. Zunächst wird der Blick in Richtung der erhobenen Hand mit einem Click und einem Leckerli belohnt, dann das Schnuppern in Richtung der zum High Five erhobenen Hand und anschließend jede noch so kleinste Bewegung in Richtung Hand. Hier kommt es – wie immer – besonders auf Ihr Timing an! Falls Ihre Katze das Kommando „Gib Pfötchen!“ schon kennt, wird ihr schnell klar sein, was hier zu tun ist und sie werden vermutlich schon im ersten Trainingsdurchgang Ihr erstes Katzen-High Five ernten.

Sobald Ihre Katze verstanden hat, was die zum High Five erhobene Hand bedeutet, können Sie ein verbales Kommando in den Trainingsablauf integrieren. Wie das funktioniert, wissen Sie bereits.

Ihre Katze beherrscht das High Five geben wie im Schlaf? Wie wäre es dann mit einem High Five mit Sprung? Dazu halten Sie Ihre Hand zum High Five jedes Mal ein wenig höher, bis Ihre Katze schließlich zum Erreichen der Hand springen muss. Falls Sie dieses Kommando mit einem eigenen verbalen Kommando vom High Five unterscheiden möchten, können Sie der Katze ein entsprechendes Kommando beibringen.

Männchen machen

Das Männchen machen bringen Sie Ihrer Katze leicht mit einem Targetstab bei, den Sie vor Ihrer Katze nach oben führen. Zunächst wird Ihre Katze den Targetstab mit den Augen verfolgen, vielleicht sogar interessiert nachschnuppern und „schwupps" hat sie sich den ersten Click und das erste Leckerli verdient. Sobald Ihre Katze auf Anhieb dem Targetstab so weit nach oben folgt, dass sie in Männchen-Position ist, können Sie das Ganze mit einem verbalen Kommando verknüpfen!

Der Katze das Apportieren beibringen – Abfolgen eintrainieren

Der erste Impuls beim Apportieren beibringen, ist das Lieblingsspielzeug der Katze durch die Wohnung zu feuern und darauf zu hoffen, dass sie diesem nicht nur hinterherrennt, sondern es auch wieder zu Ihnen zurückbringt. Ja, das kann funktionieren, muss aber nicht. Wesentlich effektiver ist es hier, die Katze von hinten aufzuzäumen und damit zu beginnen das Aufheben des zu apportierenden Gegenstandes durch Clickertraining zu verstärken. Wenn Ihre Katze von der Sorte „Ich gucke erstmal, ob sich das Rennen lohnt" ist, dann können Sie durch das Targettraining den Gang zum geworfenen Gegenstand einstudieren. Dort hebt die Katze dann den Gegenstand idealerweise auf, durch das Targettraining können Sie sie wieder zu sich zurückführen und im letzten Schritt wird das Abgeben des Gegenstandes in die Hand geübt. Beginnen Sie beim Training von Abfolgen immer mit dem schwächsten Glied in der Handlungskette!

Idealerweise sollte der Gegenstand zum Apportieren leicht sein und für die Katze sowohl von der Form, als auch vom Gewicht her gut tragbar sein. Sollte der Gegenstand unbequem im Mund liegen, kann das bei manchen Katzen schon zur Trainingsverweigerung führen.

Den Besuch beim Tierarzt möglichst stressfrei gestalten

Um einen Besuch beim Tierarzt kommen wohl die wenigsten Katzen drumherum und es gibt einige Tricks, wie Sie Ihrem Liebling den Besuch dort angenehmer gestalten können. Beim Tierarzt werden Katzen an allen möglichen Körperstellen berührt -die meisten Katzen finden das alles andere als lustig und versuchen dieser Situation zu entfliehen. Es ist also umso wichtiger, dass Sie bereits mit Ihrem Jungtier üben sich an Pfoten, Ohren und Bauch anfassen und sich auch mal ins Mäulchen gucken zu lassen. Dazu kombinieren Sie einfach eine Streicheleinheit mit dem Berühren der Pfoten ganz nebenbei. Hierbei unbedingt darauf achten nicht zu aufdringlich zu sein, das könnte kontraproduktiv sein. Aber ein sanftes Streicheln über die Öhrchen, das beiläufige Untersuchen eines Pfötchens und schon bald hat sich Ihr flauschiger Liebling an verschiedene Arten der Berührung gewöhnt.

Klar, es gibt immer Katzen, die auch nach zig „Berührungsversuchen“ die Krallen ausfahren oder sich aus dem Staub machen. Falls Ihre Katze ein solch sensibler Fall sein sollte, können Sie Ihr durch das in diesem Buch beschriebene Clickertraining dabei helfen, ihre Ängste und Abneigungen abzulegen. Sofern Sie sich mit Ihrer Katze nicht zum Tierarzt beamen, sollten Sie

Ihre Katze auch an den Transportkorb gewöhnen. Dies funktioniert wunderbar mit Targettraining, was Sie im Laufe dieses Buches ja schon kennengelernt haben. Beim ersten Besuch beim Tierarzt sollten möglichst keine schmerzhaften Behandlungen auf die Katze warten, sodass sie diesen Ort nicht von vorneherein als Ort des Grauens kennenlernt.

Schmerzhaftes Spielen abgewöhnen

Besonders junge Katzen haben einen unglaublich ausgeprägten Spieltrieb und haben sich noch nicht an die „übertriebene“ Schmerzempfindlichkeit ihrer Menschen gewöhnt. Katzen müssen erst lernen, dass wir Menschen unter beißen und kratzen mehr leiden, als die flauschigen Artgenossen. Sie können das Einsetzen des Spieltriebs Ihrer Katze ganz leicht bemerken: Ihre Katze setzt einen leicht irren Blick auf, reißt die Augen auf, packt Ihre Hand mit ihren Vorderpfötchen, beißt herzhaft in Ihre Finger und tritt Sie mit den Hinterpfötchen. Jetzt panisch die Hand wegzuziehen, bedeutet ernsthafte Verletzungen zu riskieren. Die Katze mit einem „Aaaahh nein!“ zu erschrecken, kann dazu führen, dass Ihre Katze lieber nicht mehr mit Ihnen spielt. Bei manchen Katzen hilft es schon, leicht auf die Krallen zu tippen und sobald die Katze ihre eigenen Krallen im Visier hat, forsch „Nein.“ zu sagen.

Falls das Spiel zu ruppig und brutal wird, darf es natürlich auch abgebrochen werden. Alternativ können Sie zum nächstbesten Katzenspielzeug greifen und die Katze auffordern ihren Spieltrieb am Katzenspielzeug auszuleben. Die Katze wird mit der Zeit merken, wo Ihre Grenzen liegen.

Auch der Liebesbiss einer Katze kann recht schmerzhaft sein, sollte aber möglichst ausgehalten werden. Das leichte Knabbern an Herrchen oder Frauchen ist ein absoluter Liebesbeweis, der leider für den Empfänger ein wenig schmerzhaft sein kann!

Kapitel 3: Wo Sie mit Katzenerziehung auf taube Katzenohren stoßen…

Es gibt einige „erzieherische“ Maßnahmen, die bei Katzen nicht wirklich weiterhelfen. In diesem Kapitel finden Sie die häufigsten Fehler bei der Katzenerziehung, die Sie unbedingt vermeiden sollten!

Fehler Nummer 1: Mit der Katze schimpfen

Machen wir es kurz: Schimpfen funktioniert bei Katzen nicht. Sie wissen sehr genau, was sie dürfen und was nicht und sobald Sie mit erhobenem Zeigefinger und entsprechender Ausstrahlung vor ihrer Katze gehen, denkt sich Ihre Katze „Hm, nö, ich bin dann mal weg.“ – und weg ist sie. Die Katze für eine Strafpredigt einzufangen bringt... nichts. Das ist ein lustiges Spiel, bei dem Ihre Katze definitiv gewinnt. Sie ist schneller, kleiner, flinker, kann besser klettern und kennt sich mit den örtlichen Gegebenheiten bestens aus.

Ständige Moralpredigten haben aber auch eine sehr gravierende negative Folge! Langfristig leidet die Beziehung zwischen Ihrer Katze und Ihnen erheblich darunter, denn möglicherweise entwickelt die Flauschkugel früher oder später Ängste Ihnen gegenüber. Ängste führen ganz klar zu Stress, Stress führt zu unerwünschtem Verhalten und sogar zu gesundheitlichen Problemen. Am Ende stehen Sie mit mehr Problemen da als vorher. Also bringen Sie positive Vibes in Ihr Zuhause und erziehen Sie mit Liebe!

Fehler Nummer 2: Mit Futter locken

Ihre Katze soll den neuen Kletterbaum endlich ausprobieren und nun sind Sie auf die Idee gekommen den Futternapf Ihrer Katze auf dem Kletterbaum zu positionieren, damit Ihre Katze das neue Spielzeug endlich mal ausprobiert. Ja, nein, klappt so leider nicht. Ihre Katze wird den Kletterbaum zwar betreten, aber nur weil sie das Futter im Visier hat. Eine ernsthafte Beschäftigung mit dem Kletterbaum findet also nicht statt. Das Locken mit Futter wird „baiting" genannt und ist leider völlig ineffektiv.

Fehler Nummer 3: Perfektes Timing, Majestät

Dass Schreien keinerlei positive Wirkung auf Katzen hat, ist bekannt. Gegen ein klares „Nein!“ ist aber natürlich nichts entgegenzubringen und es ist eine tolle Möglichkeit der Katze Ihre eigenen Grenzen verbal aufzuzeigen. Die Katze versucht nun zum x-ten Mal während des Mittagessens auf den Tisch zu klettern? Dann hilft auch mal ein ordentlich strenges „Nein!“. Der Katze ist aufgrund des unmittelbaren zeitlichen Zusammenhangs sofort klar, worum es geht. Weniger sinnvoll ist es allerdings, ein bereits länger als zwanzig Minuten zurückliegendes Malheur mit der Katze zu „besprechen“. Die Katze hat wieder an den Polstermöbeln gekratzt und Sie haben es erst beim Nachhausekommen nach der Arbeit gesehen? Tja, dann ist der Zeitpunkt für ein strenges „Nein!“ vorbei. Genauso hilft es nicht, wenn Sie die Katze für das Kratzen am Kratzbaum belohnen wollen, der Akt aber schon zwei Stunden in der Vergangenheit zurückliegt. Ihre Katze wird Sie etwas verwirrt angucken und sich ihren Teil denken.

Fehler Nummer 4: Es ist Zeit für Regeländerungen

Häufige Regeländerungen sind für Katzen extrem lästig, verwirrend und störend. Überlegen Sie sich genau, wie das Zusammenleben aussehen soll und wie Sie dies durch welche erzieherischen Maßnahmen gestalten möchten. Bleiben Sie auf Ihrem Kurs und springen Sie nicht von einem Training zum Nächsten. Kontinuität schafft Vertrauen und stärkt die neuronalen Verbindungen im Gehirn Ihrer Katze.

Beim Katzentraining geht es vor allem um Geduld, Neugierde und Lernbereitschaft auf beiden Seiten. Wenn Sie Ihrer Katze diese Woche beibringen nicht auf den Küchentisch zu springen und sie nächste Woche auf den Küchentisch setzen, dann haben Sie sehr bald eine sehr verwirrte Katze bei sich leben. Seien Sie konsequent und liebevoll, durchdenken Sie Ihre Erziehung und lassen Sie sich von Ihrer Katze nicht die Butter vom Brot nehmen, schließlich sind Sie als Frauchen oder Herrchen Ranghöchste oder Ranghöchster!

Fehler Nummer 5: Hauen, treten, kratzen, beißen sind ein No Go!

Ob körperliche Bestrafungen angemessen sind, steht hier hoffentlich außer Frage. Nein, natürlich nicht. Nicht nur, dass Ihre Katze nichts aus Klapsen, im Nacken packen oder ähnlichem lernt, sondern sie könnte durch ein solches Verhalten auch ernsthaft verletzt werden! Zwang und körperliche Bestrafung sind für Katzen enormer Stress und nützen nichts! Die Beziehung zwischen Ihnen und Ihrer Katze wird sich drastisch verschlechtern, wodurch sowieso schon unerwünschtes Verhalten verstärkt wird.

Fehler Nummer 6: Die Katze unter Druck setzen

Niemand steht wirklich gerne unter Druck und so auch Ihre Katze nicht. Klar, Sie möchten am liebsten noch heute mit Ihrer Katze am Katzen Agility Kurs teilnehmen oder Ihre Katze durch einen super komplizierten Parkour laufen sehen, aber gut Ding will Weile haben und so ist das auch in der Katzenwelt. Wenn Sie eine übermotivierte Katze haben, die vom Training gar nicht genug bekommen kann, dann dürfen Sie natürlich ordentlich abliefern. In der Regel möchten Katzen aber nicht 24/7 am Clicker oder Targetstab hängen. Also seien Sie geduldig mit sich selbst und Ihrer Katze, denn unter Druck lässt es sich schwer lernen!

Fehler Nummer 7: Die Katze beim Fressen stören

Genauso wenig, wie wir von unserer Katze beim Essen gestört werden möchten, möchte die Katze von uns beim Fressen gestört werden. Sobald die Katze am Futternapf beschäftigt ist – Finger weg und das liebe Tier ungestört essen lassen. Manche Katzen können verdammt ungemütlich und mürrisch werden, wenn Sie keine ausreichende Ruhe beim Fressen haben. Eine auf Dauer beim Fressen gestörte Katze sorgt ganz schnell für Unruhe zu Hause! Zusätzlich leidet die Beziehung zwischen Ihnen und Katze, wenn die Katze Sie als den störenden Übeltäter identifizieren kann.

Fehler Nummer 8: Die Katze auf den Schoß nehmen oder tragen

Katzen entscheiden ganz gerne selbst, wann sie bei wem auf den Schoß klettern und wie lange sie dort bleiben. Respektieren Sie das Bedürfnis Ihrer Katze diese Entscheidungen selbst treffen zu wollen und sie wird Sie dafür umso mehr lieben und umso mehr Zeit auf Ihrem Schoß verbringen. Nur die wenigsten Katzen möchten sich tragen lassen, weil sie sich einfach gerne autonom fortbewegen. Zwingen Sie Ihre Katze bitte nicht zu Ihnen auf den Schoß zu kommen oder sich tragen zu lassen.

Fehler Nummer 9: Die Katze anstarren

Besonders während des Trainings, möchten wir unseren Liebling natürlich genau im Blick haben. Dies kommt bei der Katze aber unter Umständen gar nicht so lieb an, wie es gemeint ist, denn Anstarren drückt in der Welt der Katzen Aggression aus. Vermeiden Sie es also allzu offensichtlich zu starren, damit Ihre Katze keine falschen Signale aufschnappt.

Fehler Nummer 10: Ihre Katze ist perfekt

Natürlich ist sie das, aber auch der perfekteste Stubentiger hat auch mal einen schlechten Tag und möchte dann vielleicht wenig oder auch gar nicht trainieren. Respektieren Sie dies, denn für eine sensible Katze ist es viel wichtiger, dass sie grade an schlechten Tagen ein wenig mehr Ruhe hat und sich entspannen kann. Hier ist Ehrgeiz fehl am Platz und führt auf beiden Seiten nur zu Frustrationen. Die Regelmäßigkeit ist bei der Erziehung und beim Training zwar das A und O, aber eben auch nicht mehr. Manchmal möchte Ihr Tigerchen auch einfach nur gemütlich mit Ihnen auf dem Sofa entspannen und die Seele baumeln lassen.

Schlusswort

Prima, Sie haben sich hoffentlich erfolgreich durch dieses Buch gearbeitet und nun einen guten Überblick über das Thema Katzenerziehung! Vielleicht konnten Sie schon den ein oder anderen Clicker-Trick mit Ihrer Katze ausprobieren oder sich einen eigenen kleinen Trainingsplan erstellen.

Sie wissen nun, dass schreien, schubsen, kneifen und andere Formen der Bestrafung bei Katzen keinerlei pädagogischen Wert haben. Die Katze entwickelt Angst vor Ihnen und wird ihre unerwünschten Verhaltensweisen keineswegs ablegen, sondern höchstwahrscheinlich noch mehr unerwünschte Verhaltensweisen entwickeln. Dauerhafter Stress durch fragwürdige Erziehungsmaßnahmen können bei Katzen sogar zu schwerwiegenden gesundheitlichen Problemen führen. Um Ihrer Katze bestmöglich zu helfen und das Zusammenleben so harmonisch, wie nur möglich zu gestalten, sollten sie sich ganz auf die positive Verstärkung erwünschter Verhaltensweisen konzentrieren. Dies stärkt zudem die Bindung zwischen Ihnen und Ihrer Katze. So lernen Sie sie gut kennen und können ihre Bedürfnisse noch besser wahrnehmen. Eventuelle Probleme können sie auf diese Weise schon im Anfangsstadium erkennen und entsprechende

Maßnahmen ergreifen.

In diesem Buch haben Sie einige Möglichkeiten kennengelernt, sich mit Ihrer Katze zu beschäftigen, mit ihr zu spielen und sie zu trainieren. Mit dem Clickertraining können Sie Ihrer Katze fast alles beibringen, sofern Sie ein Händchen für Timing und jede Menge Geduld haben. Katzen sind sehr eigen und möchten das natürlich auch im Training ausleben. Sie sind selbstständige, sensible Tiere, die wenig Sinn in permanenten Kommandos sehen – sie sind eben keine Hunde. Geben Sie Ihrer Katze den nötigen Raum, um artgerecht Leben zu können, so haben sie einen langfristig glücklichen Stubentiger zu Ihrem Mitbewohner!

Ich wünsche Ihnen viel Spaß beim Clickern und Trainieren!

Buchempfehlung

Katzenhaltung von Tanja Lobwald
https://katzensprache-lernen.de/unsere-buecher/

Quellen und weiterführende Literatur

- Braun, M. (2005). Clickertraining für Katzen: Erziehung macht Spaß. Brunsbek: Cadmos.
- http://geliebte-katze.de/information/katzenhaltung/erziehung-der-katze/7-todsuenden-der-katzenerziehung
- http://www.einfachtierisch.de/katzen/katzenerziehung/
- http://www.welt-der-katzen.info/erziehung.html

Bildquellen:

https://de.depositphotos.com/57782617/stock-illustration-set-of-cute-cartoon-kitties.html

Impressum:

1. Auflage

Kontakt: Lars Hütz/Dückersstraße 9a/40667 Meerbusch

Coverfoto: (fantom_rd)/depositphotos.com
Drucker: Amazon Media EU S.à r.l., 5 Rue Plaetis, L-2338, Luxembourg

Printed in Poland
by Amazon Fulfillment
Poland Sp. z o.o., Wrocław

86031034R10045